U0268531

筑境

中国精致建筑100

1 建筑思想

风水与建筑
礼制与建筑
象征与建筑
龙文化与建筑

2 建筑元素

屋顶
门
窗
脊饰
斗栱
台基
中国传统家具
建筑琉璃
江南包袱彩画

3 宫殿建筑

北京故宫
沈阳故宫

4 礼制建筑

北京天坛
泰山岱庙
闾山北镇庙
东山关帝庙
文庙建筑
龙母祖庙
解州关帝庙
广州南海神庙
徽州祠堂

5 宗教建筑

普陀山佛寺
江陵三观
武当山道教宫观
九华山寺庙建筑
天龙山石窟
云冈石窟
青海同仁藏传佛教寺院
承德外八庙
朔州古刹崇福寺
大同华严寺
晋阳佛寺
北岳恒山与悬空寺
晋祠
云南傣族寺院与佛塔
佛塔与塔刹
青海瞿昙寺
千山寺观
藏传佛塔与寺庙建筑装饰
泉州开元寺
广州光孝寺
五台山佛光寺
五台山显通寺

古城镇

中国古城
宋城赣州
古城平遥
凤凰古城
古城常熟
古城泉州
越中建筑
蓬莱水城
明代沿海抗倭城堡
赵家堡
周庄
鼓浪屿
浙西南古镇廿八都

中国精致建筑100

塔

万幼楠 撰文/万幼楠等 摄影

中国建筑工业出版社

出版说明

中国是一个地大物博、历史悠久的文明古国。自历史的脚步迈入新世纪大门以来，她越来越成为世人瞩目的焦点，正不断向世人绽放她历史上曾具有的魅力和光辉异彩。当代中国的经济腾飞、古代中国的文化瑰宝，都已成了世人热衷研究和深入了解的课题。

作为国家级科技出版单位——中国建筑工业出版社60年来始终以弘扬和传承中华民族优秀的建筑文化，推动和传播中国建筑技术进步与发展，向世界介绍和展示中国从古至今的建设成就为己任，并用行动践行着“弘扬中华文化，增强中华文化国际影响力”的使命。从20世纪80年代开始，中国建筑工业出版社就非常重视与海内外同仁进行建筑文化交流与合作，并策划、组织编撰、出版了一系列反映我中华传统建筑风貌的学术画册和学术著作，并在海内外产生了重大影响。

“中国精致建筑100”是中国建筑工业出版社与台湾锦绣出版事业股份有限公司策划，由中国建筑工业出版社组织国内百余位专家学者和摄影专家不惮繁杂，对遍布全国有历史意义的、有代表性的传统建筑进行认真考察和潜心研究，并按建筑思想、建筑元素、宫殿建筑、礼制建筑、宗教建筑、古城镇、古村落、民居建筑、陵墓建筑、园林建筑、书院与会馆等建筑专题与类别，历经数年系统科学地梳理、编撰而成。本套图书按专题分册，就其历史背景、建筑风格、建筑特征、建筑文化，结合精美图照和线图撰写。全套100册、文约200万字、图照6000余幅。

这套图书内容精练、文字通俗、图文并茂、设计考究，是适合海内外读者轻松阅读、便于携带的专业与文化并蓄的普及性读物。目的是让更多的热爱中华文化的人，更全面地欣赏和认识中国传统建筑特有的丰姿、独特的设计手法、精湛的建造技艺，及其绝妙的细部处理，并为世界建筑界记录下可资回味的建筑文化遗产，为海内外读者打开一扇建筑知识和艺术的大门。

这套图书将以中、英文两种文版推出，可供广大中外古建筑之研究者、爱好者、旅游者阅读和珍藏。

目录

塔

塔，是人们非常熟悉的一种纪念性建筑物。它融中外文化于一体，是我国古代建筑中一种十分独特的建筑形式，也是我国古建筑百花园中至今留存最多的一种类型建筑。由于塔的造型精美，古代有的用金、银、玛瑙、琉璃加以装饰，塔内往往还藏有宝物，故民间常在塔字前冠以“宝”字，习称“宝塔”。

图0-1 上海松江兴圣教寺塔全景（楼庆西 摄）
由于古塔造型精美，有的还用金、银、玛瑙、琉璃等加以装饰，塔内往往还藏有宝物。所以，人们又常常冠称之为“宝塔”。图为宋代上海松江兴圣教寺塔。

图0-2 江西定南巽塔
塔的类型很多，但若按其不同性质，则大致可划分为“佛塔”和“风水塔”两大系统。其中佛塔是主流，风水塔主要流行于明清时我国的东南地区。巽塔为明代定南县的风水塔。

塔的故乡在古代印度，它是随着佛教而传入中国的。自从“塔”这种建筑形式传入中国后，便与我国固有的建筑形式结合起来，因地制宜，不断发展。于是，形成现在遍布全国大江南北、数以万计各具形态特色的古塔。这些古塔按其性质的不同，可划分为两大系统：一是由佛教各宗派的发展而产生的“佛塔”；二是由风水学说盛行时产生的“风水塔”。此外，尚有少数用于引航标志、风景点缀和军事瞭望等用途的塔。其中佛塔是我国古塔的主流，约占古塔总数的百分之七十，其结构形制、造型式样也最为丰富多彩，如楼阁式塔、亭阁式塔、密檐式塔、喇嘛塔、过街塔、阿育王塔、花塔、金刚宝座塔、单层塔等。

我国古塔，多为高耸挺拔，工艺品位高、观赏性强。它往往昂然矗立在山巅河畔，或被林木簇拥在殿前院后。并常以其丰富的文化内涵、独特的结构造型，再结合周围优美的自然环境，相互融合辉映，往往成为当地的一处名胜古迹，供人凭吊游览。

图0-3 江苏镇江金山寺慈寿塔

古塔往往昂然矗立在山巅河畔，或殿前院后，它常以其丰富的文化内涵和独特的造型，再结合周围优美的自然环境，相互辉映。

一、塔的起源

塔是佛门产物，佛教起源于公元前5世纪的古代印度。今一般学者都认为，中国的塔都源于梵文（古印度文）称作的“Stupa”，音译为“窣堵坡”的建筑。其本意为“坟冢”，也就是古代印度的坟墓。其状如半圆形覆钵，下有高大的台基，顶有竖杆及圆盘。本来与佛教也没有关系，只是因佛祖释迦牟尼坐化后，佛教徒由向佛祖真身的顶礼膜拜，转而向埋葬佛祖遗骸的窣堵坡顶礼膜拜，以示对佛的虔诚和信仰。于是，窣堵坡才被赋予特殊意义，成为供奉或埋藏佛舍利的专用建筑物。所谓“舍利”，是“Sarira”的音译，意为尸骨。据有关佛教经典说，释迦牟尼坐化后，弟子们焚化其遗体，得许多光亮坚硬的五色珠子，称为舍利子。他们便将这些舍利子分葬在八个窣堵坡内供养。后来此事被信徒们渲染得很神奇，成为一种至高无上的神圣物品。随着佛教的发展，八个窣堵坡远不能满足教徒礼佛的需要，于是

图1-1 古印度的窣堵坡

塔是佛门产物。起源于古印度的坟墓建筑，梵文称“窣堵坡”。佛祖释迦牟尼坐化后，佛教徒由向佛祖真身的顶礼膜拜，转而向埋藏佛祖遗骸的窣堵坡顶礼膜拜。窣堵坡遂成为一种有特殊意义的建筑物。图为古印度的窣堵坡形状。（据刘策《中国古塔》重绘）

图1-2 江西石城宝福院塔

/对面页

窣堵坡随同佛教传入中国后，很快被中国固有的建筑文化所融合和改造，发展成为多层的楼阁式塔和单层的亭阁式塔。宝福院塔为北宋时所建。

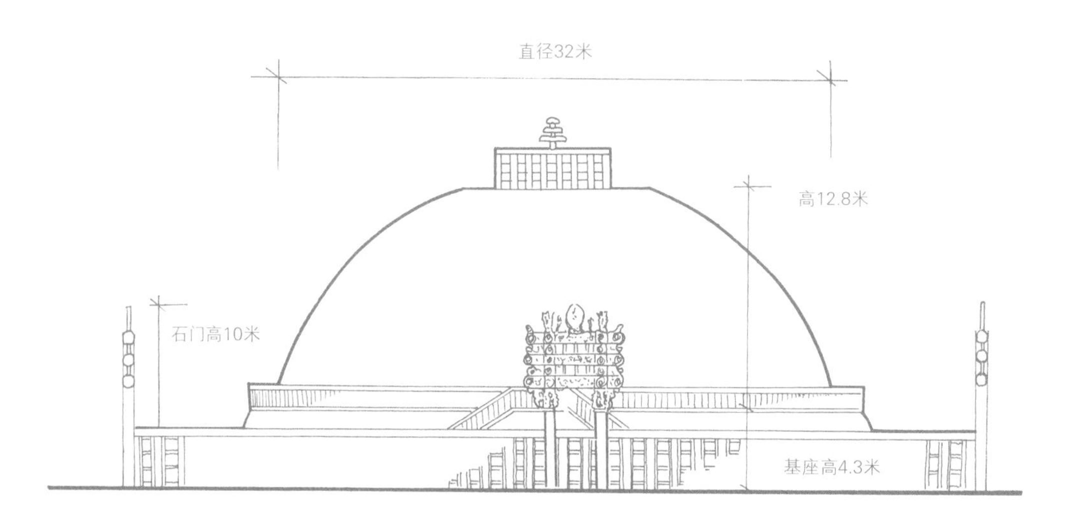

他们又用金、银、玻璃、玛瑙、水晶等制作了一些舍利代用品，藏在窣堵坡内供信徒敬仰。此制发展到中国，凡高僧大师死后遗留下的毛发、骨殖等，统称舍利，并扩大到高僧用过的重要经卷、袈裟、法器等遗物，都要建塔瘗埋，故多有称“舍利塔”者。在古印度，僧侣们为了礼佛的便利，便将窣堵坡的形象移植到他们修行的禅窟中，即石窟。它的中央是方形的讲堂，左右两侧和正面开凿有许多约一丈见方的小石室，每室容一僧坐禅修行。（此便是后来我国称佛寺住持和尚住处为“方丈室”，称住持为“方丈”的来由。）为了能在苦修过程中随时拜佛，便在石窟的中堂后壁上刻出小型窣堵坡图像。在印度称这种刻有窣堵坡和其雕刻图像的石窟为“支提”，意为塔庙。

图1-3 山东历城四门塔全景（程里尧 摄）

山东历城神通寺四门塔，是我国现存最早的一座亭阁式塔，也是唯一保存至今的隋代塔。该塔方形四面辟门，通高14米，用青石砌成。

图1-4 河南登封嵩岳寺塔（谭克 摄）
楼阁式塔和密檐式塔，是我国常见的两种塔式。嵩岳寺塔为北魏时所建。该塔底层平面十二边形，为古塔中仅见，高15层39.8米。是现存最早的一座砖塔和密檐式塔。

佛教真正在中国的传播是在东汉明帝时，即1世纪中叶，在洛阳营建白马寺之后，史称“永平求法”。由于佛教的传播主要靠两种形式，即佛经说教和形象、图画来宣传。佛画和窣堵坡便是最常见者。因此，大约在佛教传入中国的同时，窣堵坡和支提也就随之而来了。它们传入中国后，很快被中国固有的建筑文化所融合和改造。支提传入中国后，将原石窟中的讲堂和僧侣住室，移往洞窟前面另建的寺院中，发展成石窟寺，将原来窟内后部刻的窣堵坡，发展成石刻塔柱，我们称之为支提式塔。窣堵坡传入中国后，一部分与我国旧有的楼阁式建筑相结合，发展成多层的楼阁式塔；一部分则与中国亭台式建筑相结合，发展成单层的亭阁式塔。这两种塔是中国塔系列中最具中国味的，因此经久不衰，影响面最广。尤其是楼阁式塔，它几乎成了塔的主要代表，此意义后引申为凡孤高挺拔的建筑物都称作塔。随着中国佛教的蓬勃发展，受中国文化辐射的朝鲜、日本和东南亚诸国，也就相继接受了中国式佛塔的影响。

约到晋朝时，中国的译经人便造了一个“塔”字来表示它。而此前约200年的时间里，这类建筑都称作“浮图”。故古文献中，常见“塔”与“浮图”并用，至今民间也常流传一句“救人一命，胜造七级浮图”的古话。浮图是根据梵文“Buddha”（佛陀），即“佛”这个字的音译而来，故也作“浮屠”、“佛图”等。“塔”这个字造得很精妙贴切，它既采用了梵文“佛陀”的音韵，又加“土”字作偏旁，表示“葬佛土塚”之意，非常切合其内涵。

由于我国早期的塔大多是楼阁式塔，形状与窣堵坡相差甚远，又因塔名最初是称浮图，而不称窣堵坡，因此，也有人认为浮图，实即供佛陀的殿阁。我国楼阁式塔、密檐式塔是仿自印度供佛的楼阁式殿堂，再结合我国固有的楼阁建筑演变而来。

二、塔的演变

汉至隋代，是塔从无到有，并发展到南北朝至隋代的第一个高峰期。据《南史》和《魏书》载：当时南朝首都建康（今南京），有500多座佛寺，故唐诗有“南朝四百八十寺，多少楼台烟雨中”之谓；而北魏首都洛阳则有1300多座佛寺。那时受印度“塔庙制”（即“支提”，我国称“塔院制”、“宫塔制”）影响，塔寺并举，而当时崇塔重于崇寺，故常称某某“浮图寺”。将塔放在首位，也就可想而知塔的数量了。隋代继续崇佛，仅隋文帝时，便曾先后三次诏令并附发统一的设计图样，在全国80多个州郡建塔。

这期间的塔，从有关文献和石窟寺资料看，基本上都是方形的木构楼阁式塔和亭阁式塔。我国最早见记载的塔，据《后汉书·陶谦传》载，是汉末丹阳有位叫笮融的人，造的一座“上垒金盘、下为重楼、堂阁周围”，可容3000人的楼阁式塔。此外，北魏的《洛阳伽蓝记》，记述了当时洛阳的40多座重要佛寺，其中最著名的永宁寺塔，高9层49丈，也是座楼阁式木塔。但对普通下层信徒来说，都修造高大的楼阁式塔，显然难以承担。因此，这期间也流行低矮的亭阁式塔，这从一些壁画和刻石中也可知。亭台楼阁都是当时常见的建筑物，用固有的亭与表示窣堵坡的物件相结合，既迎合方便了一般信徒崇佛的需要，也结合了实际情况。

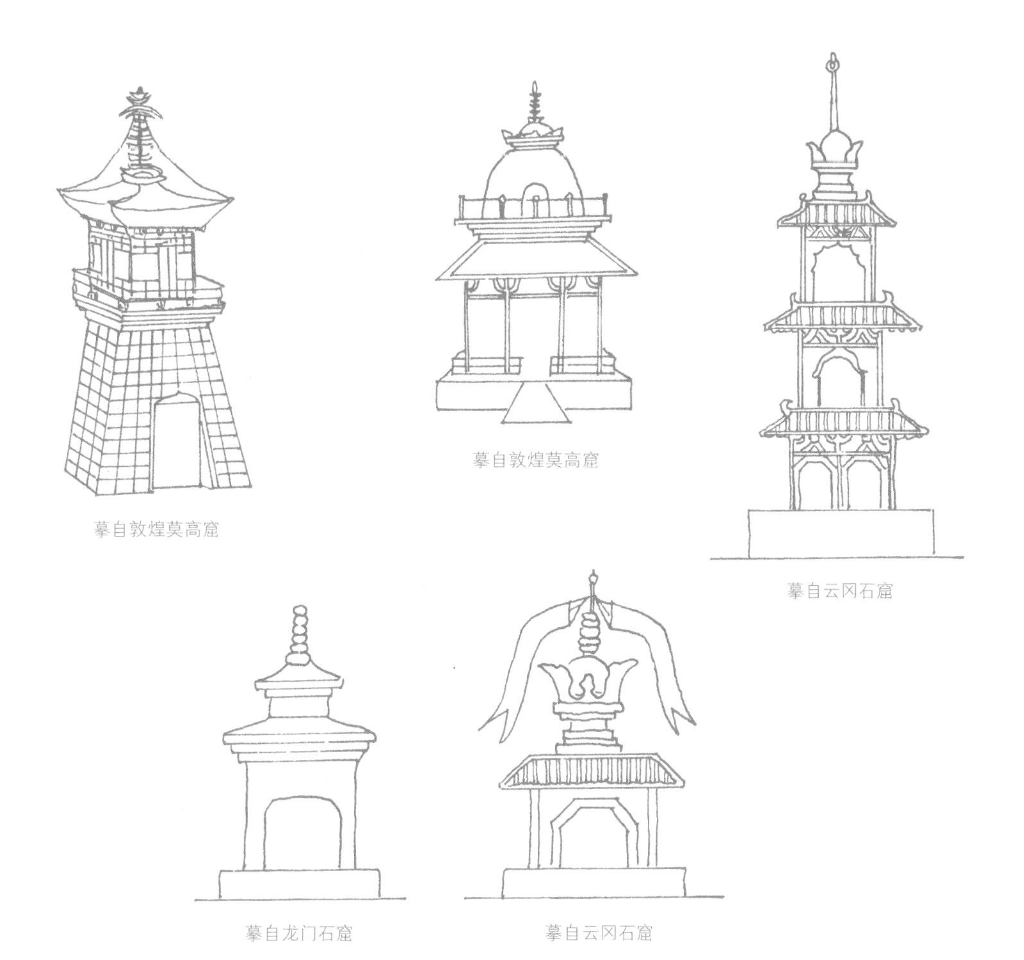

图2-1 南北朝壁画和石窟中的塔

东汉至南北朝是我国古塔的形成时期，这时主要有楼阁式和亭阁式两种塔型。基本上都是方形的木结构塔。（摹自《梁思成文集》之一及鲍鼎《唐宋塔之初步分析》等）

至于为何古印度窣堵坡性质与形状的塔，一传入中国就演变成完全汉化的楼阁式塔和亭阁式塔，据罗哲文先生的《中国古塔》认为：这是觉得既然窣堵坡是埋葬舍利这样神圣的建筑物，那就应该用最显贵的建筑物来表现。而中国秦汉以来便有高台楼阁，属于统治阶级的尊贵建筑，秦皇汉武都曾修建过它，并用以迎候神仙。用它来尊崇这种比仙人还高深莫测的“佛”，当然是再合适不过的了。因此，中国工匠便将原有的高楼用以作塔身，而将表示窣堵坡形象的构件，设置到楼顶作为塔刹，象征着送入佛界天国，这也很符合礼佛教义，从而充分显示出中国人的智慧和汉文化巨大的融合力。

图2-2 陕西西安慈恩寺大雁塔（楼庆西 摄）
唐代大多为空筒式方塔。西安慈恩寺大雁塔为唐代所建。此塔为楼阁式方形砖塔，高64米。登塔可俯览西安城郊景色，极为壮观。过去每当举子及第后，便登塔留名，所谓“雁塔题名”，为当时士民渴慕向往之事。

图2-3 宁夏银川海宝塔全景（罗哲文 摄）/对面页
宁夏银川海宝塔，是座独具风格的楼阁式塔，约建于西夏。其平面为“十字折角”形，高11层53.9米。建在一个带抱厦门廊的高台上。塔刹与众不同，是个用绿琉璃砖砌成的桃形攒尖顶。

a

b

0 2 6 10m

图2-4 苏州云岩寺塔

苏州云岩寺塔，建于五代末。是座八角七层楼阁式塔，高47米。塔内为套筒式回廊结构，楼梯仍用木制活动梯。是座保留有唐塔做法，又有后来宋塔风格的过渡性塔，同时，又是座著名的斜塔。（据刘策《中国古塔》重绘）

唐宋是我国古塔发展的第二个高峰期。如果说前一个发展高峰，主要表现在崇塔的首要位置上和建塔数量上，那么，第二个发展高峰，则主要体现在中国塔发展的形式多样上和建筑技术的进步上。这时最大的转变，便是建塔由以往的木构为主，逐渐演变为以砖石为主。这是接受木塔易遭火灾及木质不耐久等缺陷的经验教训的结果。建材的革新，无疑带来了技术革命，对塔的平面、立面、高度和结构上都产生了极大的影响，成为塔史上的一个大转折。致使辽宋时，中国塔无论在结构技术上和建筑工艺上，还是在高度上和形式上，都达到了历史最高水准。因此，此时塔的平面形式多样，如方、圆、六角、八角等；塔材则有木塔、砖塔、石塔、土塔、琉璃塔、金属铸塔等。但这时佛塔的主导地位，开始退让给佛寺，由过去的“有寺必有塔”变为“有寺未必有塔，有塔才必有寺”。此外，塔的功能也出现异化，此前塔为佛教专用，但现在出现了瞭望用或镇邪等用途的塔（如定县料敌塔、杭州六和塔），以后又演化成完全脱离佛寺的“风水塔”。

图2-5 江西赣州慈云寺塔

宋代是中国古塔大发展、技术大进步的时期。无论在塔的平面、立面、高度、结构和形状上，都出现了很大的突破，成为塔史上的一个重要转折时期。慈云寺塔为北宋时所建。

唐宋，尤其是唐代，是佛教大发展、大繁荣的阶段。一方面前朝塔式继续流行；另一方面，由于中外高僧不断取经交流，使外域佛文化再次引入，国内教派增多。因此，这时又出现并流行一些新的塔式。如密檐式塔（由楼阁式塔演变而来），中国窣堵坡塔（因加了些中国式样的建筑部件，故名）、花塔（由楼阁式塔和密檐式塔演变而来，主要流行于辽金期

图2-6 河北正定广惠寺花塔
（张振光 摄）
河北正定广惠寺花塔，约建于金代，是极少数这类塔形的杰出代表。花塔是结合楼阁式塔和密檐式塔特点而创造的一种塔式，只存见于宋辽金时期。

间的北方地区，因塔上部装饰繁复形同一束巨花，故名）、阿育王塔（又称“宝箧印经塔”，据载五代时，吴越王仿照印度阿育王造八万四千塔的故事，也制作了八万四千小塔，作为藏经之用，故名），等等，也在此时广为流行。

元、明、清三代，佛教虽然总的来说逐步在走向衰落，但塔的发展并没有停止，局部地区和个别时期，还呈现出一些新的塔式热点。如北方喇嘛塔的勃兴，南方风水塔的兴起。此外，还有一些数量虽不多，但很别致或很贵重的塔式。如元代的过街塔、明代的金刚宝座塔，以及明清时的铜铁塔和金银珠宝塔等。纵

图2-7 镇江云台山过街塔/左图

过街塔又称门塔或关塔，是种城门与佛塔相结合的塔式。多建于街道或大道上，主要流行于元代，故门洞上的塔多为喇嘛塔形状。按喇嘛教义，只要人们从塔下过往了一次，便算顶礼膜拜了一次佛。

图2-8 镇江甘露寺铁塔/右图

唐宋间，中国塔在建筑技术和建筑工艺上，都达历史最高水准。此时塔的平面：方、圆、六角、八角均有。塔材则：木、砖、石、土、琉璃、金属塔等具备。

图2-9 北京香山琉璃塔全景（王雪林 摄）
明清时，佛门较少建楼阁式塔。尤其北京地区，普遍流行建喇嘛塔。北京香山原宗镜大台内的楼阁式琉璃塔，建于清乾隆年间，为香山风景区一大名胜。

观古塔的演变情况，大致汉至隋代，主要流行木构的楼阁式和亭阁式方塔；唐代仍以方塔为主，楼阁式塔和密檐式塔并行，但木塔式微、砖石塔兴起；辽金地区盛行密檐式塔；两宋则盛行楼阁式塔，并从此始以六角、八角形为主；元代倡导喇嘛塔；明代复兴楼阁式塔，并行金刚宝座塔；清代喇嘛塔和风水塔等俱盛。

三、塔的结构

除个别塔式外，一般塔的结构都是由三部分组成，即塔基、塔身和塔刹。

塔基，即塔的基础部分。塔基又可分为地宫、基台和基座三部分。由于窣堵坡是供藏佛舍利的，因此，当它一传入中国，便与我国固有的陵墓深葬制结合起来，将佛舍利深埋于地下（本来舍利是藏于塔身内不下葬的），于是，产生“地宫”这一特殊建筑形制。所谓地宫，是在建佛塔之初时，先在塔基之下建一个

图3–1 古塔构造示意图
除个别塔式外，一般塔的结构，都是由塔基、塔身和塔刹这三大部分组成。

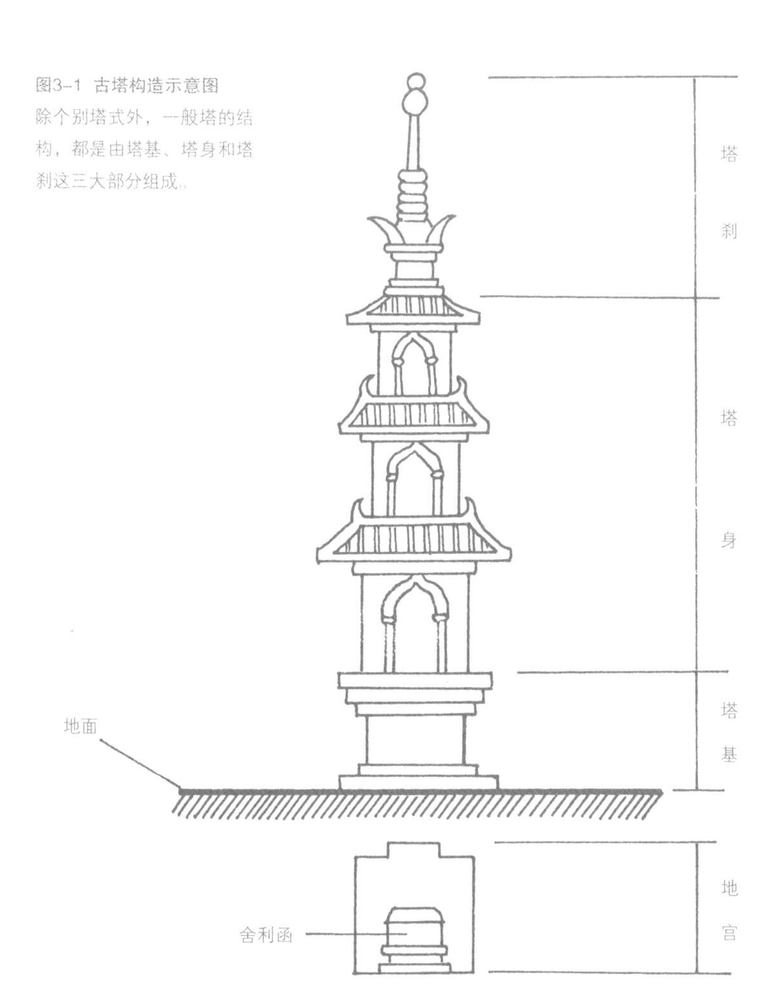

图3-2 北京天宁寺塔基台和基座细部（程里尧 摄）
基台，即塔基露于地表的那部分基础。一般较低矮、没什么装饰。唐以前的塔大多没有基台。基座，是位于基台上承托塔身的座子，是塔装饰的主要表现部分。北京天宁寺塔为辽代所建。

用砖石砌成方形或六角、八角形的地下室，内藏装有舍利的精制石函，或用贵重材料制成的小棺椁和一些陪葬品，如经书、佛像、法器等。它一般位于塔心室的正中间的地下。过去因人们对这一结构不了解，一些塔因年久失修，使地宫内积满渗水并溢出地面。于是民间便产生一些讹传和神秘说法，如称之为“海眼”、“龙宫”等，说某某塔本是用来镇压海眼的，若塔一倒，此地便会陆沉被水淹没，云云。近世考古工作者发掘了许多地宫，著名的如河北定县静志寺隋代舍利塔地宫，陕西扶风法门寺唐塔地宫等，出土了许多稀世珍贵文物。

基台，即塔基露于地表的那部分基础。由于基台之上还有基座，因此，基台一般较低矮，没什么装饰。唐以前的塔，甚至还没有基台，但喇嘛塔和原来的窣堵坡则有个高大的基台。基座，是位于基台之上专门承托塔身的座子。多束腰成“亞”字形，佛称“须弥座”，是塔装饰的主要表现部分。早期的须弥座较矮小简朴，但自辽宋始，日益高大、装饰日趋华丽，甚至有的增至3层。到元代后的过街塔、金刚宝座塔，基座已成为塔身的主要部分，基座本身已比上部塔身高大得多。基台基座向高大华丽发展，这一方面受我国传统建筑重视台基的影响，另一方面，也保证了上部建筑物的坚固稳定，从而收到庄严雄伟的艺术效果，这是崇佛意识的需要。

图3-3 江西信丰县大圣寺塔细部

塔身外部形象因建塔材料和塔的类型不同，而形制有异。图为北宋江西信奉大圣寺楼阁式塔的腰檐和平坐构造形状。

塔身，即在基座上，塔刹下的这一段塔体。其表面或内部可用来供设佛像，是塔的主要部分。塔身外观因建塔材料和塔的类型不同，而形制有异，后文将分述，这里仅将塔身的内部结构情况作一概述。

图3-4 江西信丰大圣寺塔（图左）和赣州玉虹塔的塔梯构造（图右）

宋代总结前人造塔易裂缝和易火灾的经验，将塔的内部改造成形式多样的、使塔体外壁、楼层、楼梯三者结合在一起的结构形式。图为宋代信丰大圣寺塔的“穿壁绕平坐”和明代赣州玉虹塔的“壁内折上”式的塔梯构造形式。

塔内结构大致可分为实心式和空心式两大类。实心者，即塔内无空间，人不能入内或登临，如喇嘛塔、阿育王塔，亭式小墓塔，及部分密檐式塔和部分明清时的楼阁式风水塔。空心式塔，即人能入内并登临塔层者。这类塔为数众多，但就塔式而言主要是楼阁式塔。本来塔是用来崇敬佛祖不宜登临的。但因塔传入中国后与楼阁相结合，于是有了此功能。早期塔因系木结构，上下左右构件之间的拉结联系较紧密稳定。唐代始逐渐改为砖木结构，即砖墙木楼层，用木扶梯上下，但若遇大火，塔内木构件焚烧一空，只留下个大空筒，这种单壁空筒式结构，又因无横向拉结构件，很不稳固，极易开裂倒塌。故进入宋代后，总结唐代造塔经验，便将塔的内部结构，改造成形式多样的，使塔体外壁、楼层、楼梯三者之间结合在一起的结构形式。姑且用不同的登塔的梯式来区分，称之为壁内折上式、穿壁式、回廊式、塔心柱式、旋梯式、混合式等。其中以壁内折上式和穿壁式结构最为常见。所谓壁内折上式，即将塔梯设在墙体内，环回转折而上，塔心室的楼层也改用砖石或砖木混合结构，从而使塔外壁和塔心室，通过塔梯连在一起，既解决了登塔问题，又增强了塔的刚度和整体性。此式各地均见，后成为明代楼阁式塔的主要结构形式。穿壁式，即塔梯对穿墙体成“之”字形折上，若有平坐的塔，便穿壁绕平坐一半再穿壁而上。它也是将塔梯设在坚厚的壁体内，此式主要见于宋代的东南地区。宋代砖塔还成功地利用小砖，采用圆形叠涩、八角形叠涩、穹隆、拱券、八角筒券和斗栱承托等砌筑方法，解决了支承楼板、平坐、出檐，以及门窗和楼道顶部的跨度问题。从而完成了塔由木结构向砖石结构的过渡，并成为我国砖石结构塔综合技术水平最高的时代。此后塔身内部结构，均未超出宋塔结构形式范畴。

塔刹，即塔顶那部分构造。“刹”是梵文音译，意为土田，表示佛国、佛土的意思，因此，佛寺也称作“刹”。塔刹是塔体中至关重要的结构，几乎有塔必有刹，有刹方成塔。从建筑结构上说，塔刹是收结顶盖，防止雨水下漏的设施；从建筑艺术上说，塔刹是艺术处理的巅峰，冠盖了整个塔的形象。因此，建塔时，对塔刹这部分内容，往往给予非常突出和

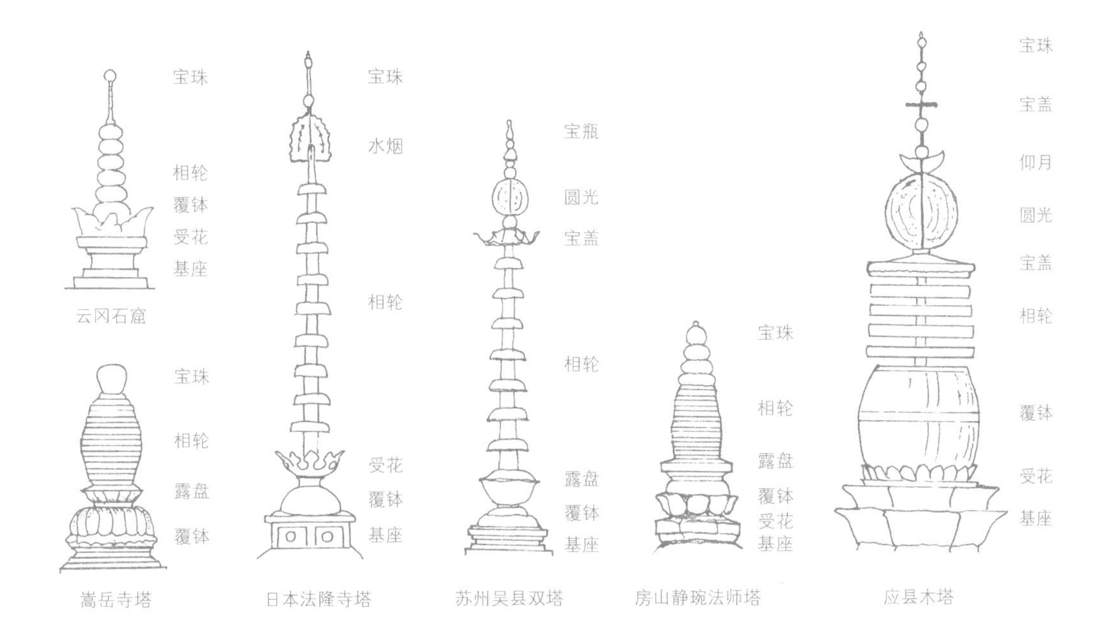

图3-5 几种不同的塔刹

塔刹，既是佛界的崇高象征，又是建筑收结顶盖、艺术处理的巅峰，它冠盖了整个塔的形象。因此，这部分结构，往往都予以特别突出和精密的艺术处理。图为常见的几种塔刹形状。小构件的受花，即莲花，传为佛地净土生长的一种植物；覆钵，本为佛僧用餐的一种容器，安于刹上，意为圣贤应该受人的供养；相轮，即高显仰望的表相。此之上的华盖（宝盖）、圆光、仰月、宝珠等，均为佛界宝物，用它装饰刹顶，亦为崇佛之意。（据鲍鼎《唐宋塔之初步分析》重绘）

精密的艺术处理，并用那些象征为佛界之宝的物件来装饰它。如覆钵、受花、莲花、相轮、露盘、华盖、火焰、圆光、花瓶、宝珠等，使之高插云天、玲珑闪烁。

塔刹因不同时代，不同塔式和不同材料，其造型也略有差异，简单的仅在塔顶置一宝瓶或宝珠而已。但就一般塔刹而言，其结构形同一座小塔，明显地分为刹顶、刹身和刹座三部分。刹座如同塔基，多砌成覆盆、须弥座、仰莲或受花状。刹座下也多设有一个犹如地宫意义的“刹穴”，内藏舍利、经书及珍贵法器等，故有人称之为“天宫”。刹身的主要构成是宝瓶、金盘、承露盘，即相轮。相轮的层数，如同塔的层数一样，本来经书也有规定，但实际使用中没有实行。一般也是采用奇数，少则三层五层，多则九层十一层，喇嘛塔大多采用十三层，并称之为“十三重天”。刹顶，是全塔的顶尖，多由宝珠、宝盖、火焰（因避“火”字，也有称“水烟”的）等细小光亮的金属饰物组成。这三部分结构，统由一根“刹杆”将之贯通串联在一起。刹杆，又称作刹柱、刹表等，本是立于寺庙前表示佛寺的。其构造有的是立于塔顶之内，若塔刹高重，则用本柱插入塔身上部二三层中，有的则与塔心柱连贯一起，直达于地宫之上。

四、佛门塔

塔，本为佛门产物，只是因后来“塔”的本意有了引申和转变，故此在塔字前冠以“佛”字，以示特指与佛教有关的塔。佛塔约占现存中国塔总数的百分之七十。它与其他塔类最大的区别便是与佛寺在一起，即前述的“塔院制”或“塔宫制”。对佛塔来说，有塔必有寺，现在我们常见一些孤高独立的佛塔，其实它是因年久日长，原来配套的佛寺早已毁坏无存了。

早期的寺院以塔为主，寺院围绕着塔，或塔在寺院之前，这叫“前塔后殿”制。如我国第一座佛寺白马寺当时的布局便是以塔为中心，四周绕以殿舍廊庑。又如北魏永宁寺塔，据《洛阳伽蓝记》载：“中有九层浮图一所，架木为之……四面，面有三户六窗”，“浮图北有佛殿一所，形如太极殿……僧房楼观一千余间”。这种前塔后殿的塔寺布局关系，自汉一直延续到唐初。唐代始便逐渐发生变化。作为诵经拜佛的殿堂开始升级，先是“塔殿并齐”，即佛塔与殿堂左右相对的形式。以后则“前殿后塔”了，即对殿堂佛像的崇拜重于纪念佛祖的佛塔了。这一变化的主要原因是，佛教在中国的进一步发展宗派增多，各宗派自有立说。佛教更接近民间，当普通百姓无力建塔时，也可在一般的殿堂中设像拜佛。其次“舍宅为寺”的行为越来越多，上自帝王公侯，下至地主富商，为了表示对佛的崇敬，纷纷将自己的宫苑王府、宅第庭院舍作寺庙。如现存最早的嵩岳寺塔的嵩岳寺，便是原北魏时宣武皇帝的离宫舍作寺院的。又如今北京的智化寺和

a 栖霞寺舍利塔南外观

图4-1 南京栖霞寺舍利塔（杨自力 摄）

佛门塔主要有三种类型，一种是埋藏高僧灵骨的“舍利塔”；一种是为珍藏重要佛经而建的“经塔”；一种是埋葬一般僧侣或众僧的“墓塔”。南京栖霞寺舍利塔，为五代时所建。

b 栖霞寺舍利塔南立面图（据刘敦桢《中国古代建筑史》重绘）

图4-2 杭州灵隐寺石塔
就佛塔而言，有塔必有寺。塔与寺布局，唐以前“前塔后殿”；唐代则“塔殿并齐”；唐以后便“前殿后塔”了。反映了佛教徒由重佛塔到重佛像崇拜的过程。杭州灵隐寺内的石塔为宋代所建。

图4-3 苏州罗汉院双塔
/对面页
佛塔形制千姿百态。从塔的组合上说，除大量单塔外，还有双塔、三塔、五塔和群塔之分。双塔是在同一地点建两座匹对的塔。苏州罗汉院双塔为宋代所建。

雍和宫，也分别是明代著名太监王振的宅院和清代雍正皇帝未登位前的“雍亲王府”，舍作寺庙的。这一则说明信徒们越来越重视寺庙，二则受原宅第布局的局限，若欲建塔，也可能无法辟出空地了。

佛塔本是埋藏佛舍利、纪念佛祖或高僧的。但随着佛教发展，各宗派的产生，对塔意义的理解和解释也就有所不同。如显教主张不但佛之舍利可以建塔供养，而且菩萨、缘觉、声闻、法师、比丘等均可建塔，只是在露盘的

a

b

图4-4 云南大理崇圣寺三塔（曹杨 张振光 摄）

云南大理崇圣寺三塔，是我国著名的名胜古迹。三塔鼎立，构成一幅优美的三塔图，为古塔组合中之罕见。其中千寻塔约建于唐晚期，高16层69.13米，是我国最高的密檐式塔。

层数上有区别而已，而密教则对此又有不同看法。于是，哪些佛僧可以建塔，哪些佛僧不能建塔，什么等级的佛可以用几重露盘等，各宗派便出现了不同的说法。有的根据佛一生的几个重要转折点，认为有四个地方可以立塔，即佛生处、得道处，初转法轮处、涅槃处；有的则认为应该是在八个地方建塔；还有的是根据佛祖的遗物认为应建十种塔，即顶塔、牙塔、齿塔、发塔、爪塔、衣塔、钵塔、锡塔、瓶塔、舆塔。《十二因缘经》规定八种人可以起塔，即如来、菩萨、缘觉、罗汉、那含、斯陀、须陀洹、转轮王。所用露盘数自八层起，依次递减一层。因此，后来建佛塔的意义远远超出了当初窣堵坡供藏佛骨的意义了，它几乎将佛的一切遗物和行为，都可以用来作为设塔的理由。但根据这些佛塔的不同内容，大致可分三种类型：一是埋藏高僧或大法师灵骨的“舍利塔”，这种塔一般较为高大；二是为了珍藏重要佛经的“经塔”，这种塔一般较瘦小；三是为了埋藏一般僧侣或众僧的“墓塔”，又称“普同塔”、“海会塔”，此类塔较矮小。

图4-5 河南登封少林寺塔林（谭克 摄）/后页
河南登封少林寺塔群，是我国现存最大的墓塔群。它自唐至清，各个朝代的都有，据统计有约250余座。其主要为密檐式塔和亭阁式塔，高度均在15米以下，形状有四方、六角、八角、圆柱、瓶形等。

a 仁寿塔

b 镇国塔

图4-6a,b 福建泉州开元寺双塔（王雪林 摄）

福建泉州开元寺是我国南方著名寺院，建于宋代的仁寿塔和镇国塔，是寺内的一对双塔，两塔皆用巨条石垒砌而成，高分别为40.6米和48.2米，是我国最雄伟的石塔。

因佛教宗派多，地区差异大，佛塔各具意义和内容，也就使塔的形制各种各样，千变万化，姿态各异。从塔的组合上说，除大量的单塔外，还有双塔、三塔、五塔和群塔之分。双塔是在同一地点建两座匹对的塔。此较多见，如苏州罗汉院双塔，泉州开元寺双石塔。三塔较少见，如云南大理三塔。五塔，即金刚宝座塔。群塔，也称塔林，有两种形式，一种是罗汉塔，一般为雕像排列在佛寺殿堂内；一种是由众多墓塔历年积建而成。从塔的外形上说，则又有无檐式塔和有檐式塔之分。前者如喇嘛塔、窣堵坡式塔，阿育王塔等。此类塔多以外来文化影响为主要特征；后者如楼阁式塔、亭式塔、密檐式塔等，它又有单檐层和多檐层之分，这类塔多以汉文化为主要特征。此外，从佛塔的塔刹形状、平面形状、建塔材料等方面，也有很丰富的变化。

五、风水塔

图5-1 杭州六和塔

风水塔，是根据风水学理论而建的塔。目的是弥补一地的地势景观上的缺陷，使该地人财俱兴。一般位于村边山头和水流拐弯消失处（即水口）。建于五代末年的杭州钱塘江畔的六和塔，可谓现存最早的一座风水塔。

塔本是为佛教服务的一种神圣建筑物。但随着历史的进程，中国塔自宋代始，与佛教紧密专一的关系便慢慢松弛下来。如北宋河北定县的料敌塔。当时这里是宋代与辽代交界的定州，双方军事冲突摩擦不断。于是，宋军守将便决定利用城内开元寺之名，修建一座可以观察辽方军情的塔，此事上报朝廷，并由宋真宗下诏修建。该塔建造了五十余年，民间有“砍尽嘉山木、修成定州塔”之说。因其旨在瞭望侦察敌情，故塔高峻，总高84米，是我国现存最高的古塔。登上塔顶层极目四望，近百平方公里内的情况一目了然。所以塔名也直言不讳称为“料敌”。又如杭州六和塔。相传钱塘江原有一条孽龙，常常鼓弄潮水泛滥成灾，危害百姓。于是，宋开宝三年（970年），吴越

a 龙珠塔外观

图5-2 江西瑞金龙珠塔

风水塔主要盛行于我国东南地区的江西、福建、浙江等省，尤其江西南部的丘陵地区，这里是风水江西派的发祥地，至今赣南尚存五十余座风水塔。图为明代江西瑞金城外的龙珠塔及其平面图、剖面图。（据张嗣介原图重绘）

c 龙珠塔剖面图

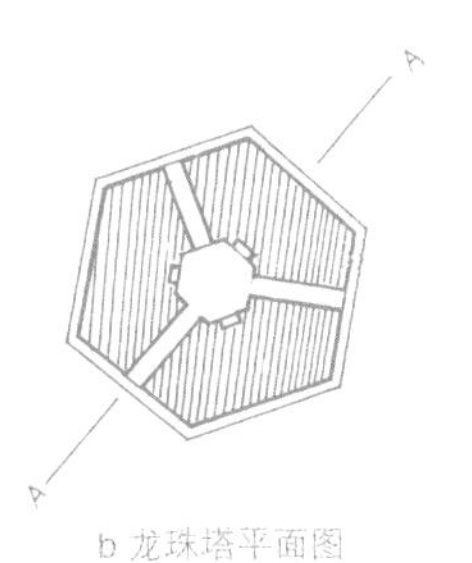

b 龙珠塔平面图

王钱弘俶便建了此塔以镇压江潮。此塔因位于江边，虽然塔后建有寺院，属于佛塔，但实际上它是起导航标志和眺望览胜的作用。到明清时，此意义的塔，便发展成纯风水性质的塔。也就是说，它除借用佛塔的构造形体外，其实质已与佛教毫无关系，甚至在塔下建寺庙的幌子也消失了。

所谓“风水塔”，是指因“风水”需要而建的塔。它是元代后，我国东南地区风水学说流行的产物。根据风水学理论，建风水塔的目的，主要是一地或一村，因某处地势低洼、缺少周衍，景观有欠缺，若建塔弥补它，便会使风水完善，有利于该地方兴旺发达和快出人

图5-3 玉虹塔
明代玉虹塔位于江西赣州市郊赣江合流处，塔高九层六面33.2米。1992年，从塔基地宫中发掘出一巨大的铁元宝，长66厘米，重76.5公斤，正面铸“双流砥柱”四个大字。

才。因此，这类塔多称为文峰塔、文笔塔、魁星塔、文星塔等，或称水口塔、巽塔、坤塔之属。风水塔选择的地点，一般都在村边、山头，或水流拐弯消失处，即水口。风水塔采用的形式，基本上是砖木或砖石结构的楼阁式塔。一般说来，明代风水塔建造工艺较精致、体形高大，风格类宋塔。清代风水塔，则多采用空筒式结构，建筑较粗劣，工艺简单，完全流于形式，多不能登临。

图5-4 杭州西湖保俶塔（张振光 摄）

风水塔多位于风景佳美处，往往成为某地或某一城市、某一名胜的象征。它实际上起了点缀山河、装饰大自然、美化环境的作用。北宋杭州西湖保俶塔，即起这方面的作用。

风水塔主要盛行于我国东南地区的江西、福建、浙江三省，尤其是江西南部丘陵地区，这里是风水江西派（即主看山形地势的“形势派”）的发祥地，风水学上的四大杰出人物：杨筠松（救贫）、曾文迪、廖瑀 、赖文俊（布衣）均成名于赣南。至今赣南尚存50余座风水塔。关于风水塔最早的记载，据《赣州府志》载兴国县《朱华塔记》：“（唐）大顺间，土人曾文迪请于西山，横石竖塔，补缺障空，大光官曜。”

风水塔兴起和盛行的原因，从佛教上讲，由于元蒙统治阶级奉行“藏式佛教”，原有的“汉式佛教”受到压制。其结果是喇嘛塔崛起，汉式佛教从此走向衰落。而喇嘛教又很少渗入东南地区，遂使这一地区的原有塔式得以“旧瓶装新酒”继续发展。从文化地理上说，东南地区山明水秀、风光旖旎，南宋后文化经济重点又转移于此，为风水术的发生发展提供了外在条件。尤其明清时，科举考试制极盛，商品经济发达。而建风水塔便是迎合这种象征着发人发财的需要，因此，备受民众欢迎。对此，有关记载极多，据《相宅经纂》："凡都省府州县乡村，文人不利，不发科甲者，可于甲、巽、丙、丁四字方位上，择其吉地，立一文笔尖峰，只要高过别山，即发科甲。或于山上立文笔或于平地建高塔，皆为文笔峰。"如赣南龙光塔建塔之由是，"宋以后科第寥落，即明经升版者，亦若晨星"。建塔于此则"可使文人鞭弭直骤中原，而黄耇增筹，素封贯朽，其一切水火奸宄，尽不为灾，此万世永赖也"。又如前引《朱华塔记》云，自唐代建的那两座风水塔分别毁于元代和明初后，兴国"潋水为锢，江流不平，俗尚悍讦，士好逸游，民逃业荒……文命不振，不录乡书者十余举，不登科甲者四十余举，居民嚣讼而贫之，领宦淹滞而讪去"。因此而重建朱华塔。至于为什么用佛塔来象征文风昌盛？据江西《芳溪熊氏青云塔志》载："形象之言，以为畅山气、挹川流，因起文心之富有者，莫过于释氏之浮屠。"因佛塔级数，"……准乎七，以象天人，天以七为枢纽，人以七政崇洪范，塔以七级观数成窣堵坡"。

现存风水塔约占我国古塔总数的百分之三十。这些塔因年代较近，保存较好，且大多位于风景名胜处，有的并成为某地或某一城市、某一名胜的象征。如江西瑞金的龙珠塔，陕西延安宝塔，西子湖畔的保俶塔等。因此，它实际上起了点缀河山、装饰大自然、美化环境的作用。

六、楼阁式塔

楼阁式塔，因仿自我国古代固有的高层楼阁建筑，故名。其主要特征：一是多层重叠。常见的有5层、7层和9层，少数达13层、15层之多。每层之间距离较大，约一层楼阁的高度，但有一些外观层数与实际层数未必相符。如宋代的“穿壁绕平坐式”塔，因它是自下层向上斜穿塔壁进入塔心（暗层）后，再继续向上斜穿塔壁进入上层塔层的。因此，它实际上在外观一层之中，还隐含一层“暗层”。

二是每层有木构或仿木构的门窗、柱枋、斗栱和出檐。因早期的楼阁式塔几乎像一座木构的高楼，只是在上下加上塔刹和塔基而已。因此，塔层的结构完全和高楼结构一样：有门有窗、有立柱有横枋，为了保护木质的塔体和防止雨雪吹打进楼层内，每层还有挑出的塔檐。唐代始接受木塔易遭火灾的教训逐渐改为砖石塔体后，仍仿照原木塔的木构件模样建塔，并演变成一种传统习俗和装饰手法。

三是一般都可以登临。本来从造塔崇佛的意义上讲是不宜人登临其上的，但楼阁式塔是与楼阁结合的产物，而楼阁本就有登高观览的功能，因此，它不仅在塔内设有楼层和楼梯，而且，为了便于人们凭栏眺望、扩展视野，很多楼阁式塔还在每层塔外壁设有悬挑环绕塔身的“平坐”，其意义如同今之阳台。这是其他塔式没有的功能。楼阁式塔之所以自始至终长盛不衰，可能跟有此功能不无关系。有关登塔览胜，在我国古典文学作品中留下了许多脍炙人口的诗句。如唐刘禹锡《同乐天登栖灵

c 祐国寺琉璃塔塔刹

a 祐国寺琉璃塔全景

b 祐国寺琉璃塔塔基

图6-1 河南开封祐国寺琉璃塔全景、塔基和塔刹（王雪林 摄）
河南开封祐国寺塔八面13层，高57米。因其外表贴褐色琉璃面砖，犹如铁色，故又称“铁塔”。

塔》：“步步相携不觉难，九层云外倚栏杆，忽然笑语半天上，无数游人举目看”；又如章元八的《题慈寺塔》：“却讶飞鸟平地上，自惊人语半天中”等。

楼阁式塔体形高大，是古代诸多塔式中最雄伟者，代表了我国古塔建筑技术的最高水平，据《水经注》和《魏书·释老传》载，北魏的永宁寺塔高四十九丈（约合120余米），若按《洛阳伽蓝记》载则：“举高九十丈、有刹复高十丈，合去地一千尺，去京师百里，已遥见之”，如此高度的木塔，就是用现代的建筑技术，也绝非易事。现存唯一的楼阁式木塔，是辽代山西应县的佛宫寺释迦塔，高67.13

图6-2 苏州报恩寺塔/对面页

楼阁式塔每层都有木构或仿木构的门窗、柱枋、斗栱和出檐等。宋代苏州报恩寺塔，平面为八角，高9层76米，系砖木混合结构。每层有木制的腰檐、平坐、栏杆和斗栱等。

图6-3 山西应县佛宫寺释迦塔全景（李世温 摄）

楼阁式塔形体高大，是古代诸多塔式中为最雄伟者，代表了我国古塔建筑技术的最高水平。辽代山西应县佛宫寺释迦塔平面八角形，外观5层实9层，高67.13米，是现存唯一的纯木构古塔。

图6-4 河北定县开元寺料敌塔（楼庆西 摄）
北方的楼阁式塔，气质风格一般较为雄伟壮观、形态庄重。北宋河北定县开元寺料敌塔，八面11层，高达84米，是我国现存最高的塔。

图6-5 江西信丰大圣寺塔

南方的楼阁式塔，一般都较为秀丽挺拔，体态优雅。北宋江西信丰县大圣寺塔，六面9层，高66.25米，是江南最高的塔。

米，外观5层，实含4层暗层计为9层。另，今存最高的定县料敌塔，高84米，也是座楼阁式塔。楼阁式塔层层叠起、高耸挺拔、可远瞻近观，其造型很具艺术魅力，其风格气质，一般来说，北方的较雄伟壮观、庄重大方，南方的则较精巧秀丽、玲珑轻盈。尤其是江南水乡地区的一些塔，层层平坐和瓦檐，虚实相间，翘角飞檐，如翚斯飞，令人远远望去，真宛若空中楼阁的感觉。

楼阁式塔，自佛教传入中国始创建，一直流行到清末，成为我国的主要塔式，是所有的古塔类型中、历史最长，流行地域最广、影响力最大的塔类。在过去的历史中，它不仅伴随着汉式佛教传至东南亚国家，而且，在清乾隆年间，英国的建筑师钱伯斯先生还照搬到他为英王室设计的“丘园”中。

七、密檐式塔

a 嵩岳寺塔外观（李东禧 摄）

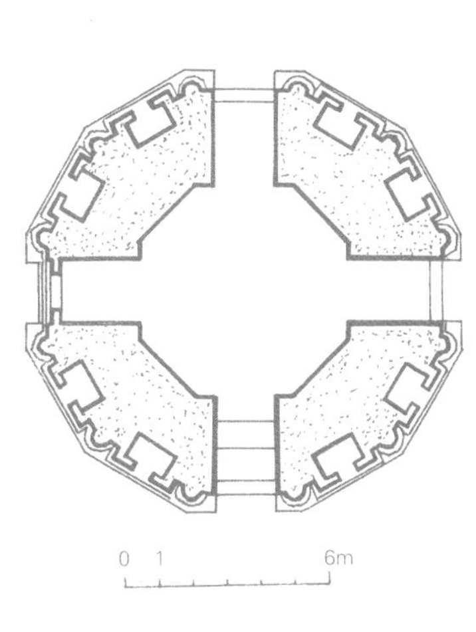

b 嵩岳寺塔底层平面图

c 嵩岳寺塔立面图

图7-1a~c 河南登封嵩岳寺塔

密檐式塔，是根据塔檐的特点命名的。其底层特别高大，以上各层则层层叠压、紧密相连，几乎看不到两层之间的楼层距离。（据刘敦桢《中国古代建筑史》重绘）

密檐式塔，是根据塔檐的特点而命名的。它的底层特别高大，以上各层则层层叠压、紧密相连，几乎看不到两层之间的楼层距离。

密檐式塔高大的底层塔身，是全塔的装饰重点，一般都饰有窗、立柱、斗栱、花板、佛龛、佛像等雕塑装饰，将佛教内容和建筑艺术手法，都集中表现在这一层塔身上。第一层以上的各层塔身一般便不设门窗、佛龛等装饰，仅见层层密出的塔檐。塔檐大多为小砖，用“叠涩”法砌出。所谓“叠涩”，是指小砖层层向外挑出或向内收进一些（一般不超出砖的

a

b

图7-2a,b 北京八里庄慈寿寺塔底层细部（王雪林 摄）/对面页

北京八里庄慈寿寺塔为密檐式塔，其底层是全塔的装饰重点。一般都饰有窗、立柱、斗栱、花板、佛龛、佛像等雕塑。将佛教内容和建筑艺术手法，都集中表现在这一层塔身上。

图7-3 北京八里庄慈寿寺塔全景（程里尧 摄）

密檐式塔有个发展演变过程，装饰由简而繁，日趋华丽；结构则从空心有窗户，到实心无窗户；由无基台到有基台。北京慈寿寺塔为明代所建。

三分之一）的砌法。如河南登封嵩岳寺塔、西安小雁塔、云南大理千寻塔等。但也有一些是仿木构塔檐的，多见于辽金时期的密檐式塔，如北京的慈寿寺塔、辽宁北镇县的崇兴寺双塔。这种塔式是不供人登临眺览的。因此，它大多为封闭或实心的，塔层上自然也就没有设门窗的必要了。

但密檐式塔也有个发展演变的过程。早期（南北朝至唐代）的塔，塔内便多设有可攀登的楼梯。如嵩岳寺塔和

图7-4 陕西西安荐福寺小雁塔全景（楼庆西 摄）
早期的密檐式塔，底层装饰很简单，有的就是素面无饰，也没有高大的塔基。塔内多设有可供攀登的楼梯，而且每层上还开有小窗户。唐代陕西西安荐福寺小雁塔，就属这类塔。

小雁塔，每层上还设有小窗户，但也不是为登临用的，这仅说明它是刚从楼阁式塔脱胎而来的残迹。此外，早期密檐式塔底层的装饰也很简单，有的便是素面无饰，如大理千寻塔、登封法王寺塔等。到辽金时，底层装饰越来越华丽，而且还增加了一个雕饰精美的高大须弥座，底层以上的檐层，也在檐下增设了仿木构的斗栱、檩椽、瓦垄等装饰。因此，从其总的发展趋势看，装饰是由简到繁，日趋富丽；结构则从空心有窗到实心无窗；由无基座到有基座。

图7-5 北京天宁寺塔全景

密檐式塔是由楼阁式塔发展而来的。它主要流行于黄河流域以及西南地区和辽金统治时期的属地。辽、金是其发展的鼎盛时期，元代后逐渐为喇嘛塔所取代。图为辽代北京天宁寺塔和底层平面。

a 天宁寺塔全景（程里尧 摄）

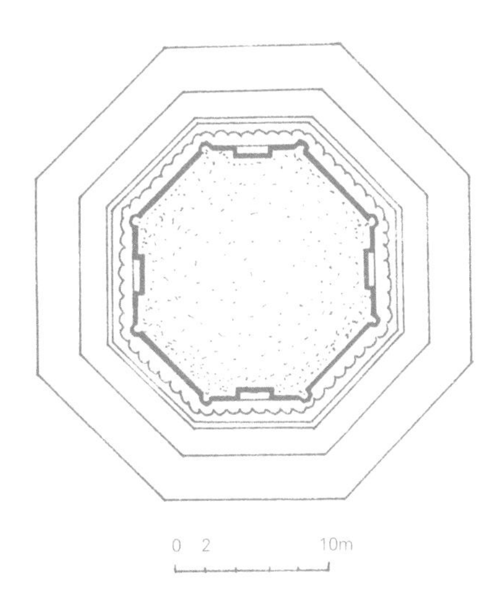

b 天宁寺塔平面（据刘策《中国古塔》重绘）

密檐式塔是由楼阁式塔发展而来的，其体量、高度也与楼阁式塔接近。它约始见于晋代，这时尚是木构楼阁式塔盛行阶段，但已开始出现木塔向砖石塔转变的端倪。因此，到北魏正光年间（520—525年），便出现了一座像嵩岳寺塔这样、在建筑技术和艺术上都十分精美的密檐式塔。此塔在我国，乃至在世界建筑史上都享有盛名。它创造了许多个第一：是我国现存最早的一座塔，当然也就是最早的一座砖塔和密檐式塔；又是我国唯一的一座平面为十二边形的塔，其塔身轮廓线呈圆和的凹曲形，十分柔美。此塔建于砖塔初创、木塔盛行之时，历经近1500年的各种考验至今，仍巍然屹立，在许多方面都有很重要的意义。

密檐式塔一经创造出来，便在我国大部分地区（主要在黄河流域，以及西南地区和辽金统治的属地）流行开来，至辽、金两代达到鼎盛，成为我国古塔中地位仅次于楼阁式塔的一种重要类型。元代以后，由于喇嘛塔在这些地方兴起，而逐渐被取代，至清代已不见建造。密檐式塔艺术性很强，其外观底层高，而上部层层紧密叠压，并逐渐收缩至顶，极富节奏韵律感。

八、喇嘛塔

喇嘛塔，因是喇嘛教常用的一种塔式，故名。喇嘛教，也是佛教的一支，元代以前主要流行于青、藏、蒙地区。

喇嘛塔的特点是：一般在下部有一个高大的底座，并多做成须弥座式样。底座上置半圆覆钵状的塔身，其腰部辟有火焰形券龛，称"眼光门"。塔身上是个逐渐收尖的塔刹。这部分若再细分的话，还可分为塔脖子（相当于刹座）、十三天（相当于相轮）、圆盘（即华盖）和刹尖。整个造型如同一座标准楼阁式塔的塔刹一样，只是放大了而已。因此，它实际上是古印度窣堵坡本形的真传实建，是

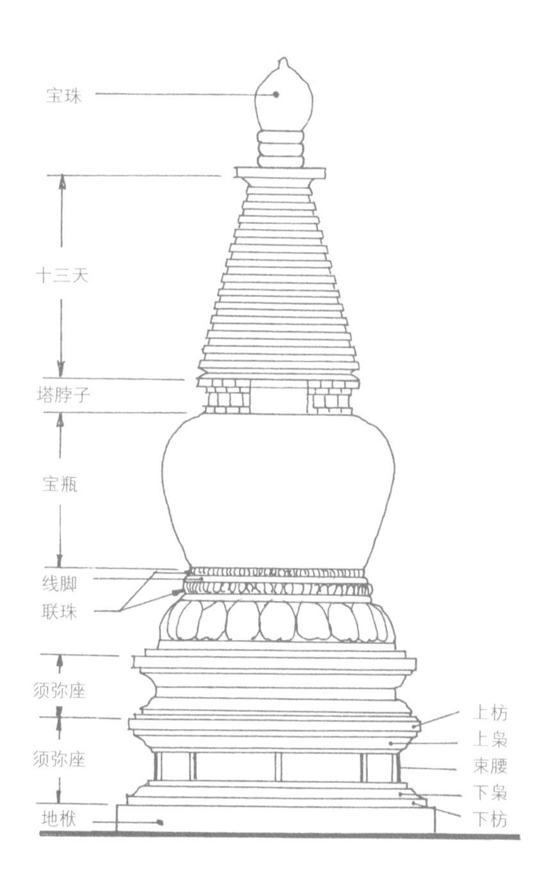

图8-1 喇嘛塔构造示意图
喇嘛塔也是由三部分组成。下部多做成高大的须弥座形式，底座上再置一覆钵状的塔身。塔身上是个逐渐上收的塔刹。

图8-2 北京妙应寺白塔全景（程里尧 摄）/对面页
喇嘛塔是喇嘛教常用的一种塔式。元朝和清代皆以喇嘛教为国教，并极力倡导。因此，自元朝始，佛塔中喇嘛塔成为主旋律。喇嘛塔的杰出代表和典型式样，便是元代北京妙应寺白塔。该塔高59米，是最高大精美的喇嘛塔。

图8-3 山西五台山白塔（王永先 摄）
喇嘛塔是诸多塔式中最接近塔祖窣堵坡形状者。明代山西五台山的白塔下部，有个高2.3米的方台座，台上四角分建五座小喇嘛塔，台中便是一座高大的喇嘛塔。

我国诸多塔型中，最接近塔祖原型者。过去它一直受强大汉文化的抵制和融合，长期流行于汉文化薄弱的边缘地区，或置于塔顶作为一种象征性构造。其独立形象，最早见于北魏时的云冈石窟中，唐代时流行于青藏和西北的少数民族地区，多为生土筑成。内地偶见变体的此类塔。元代始，由于元蒙统治阶级原已有部分信仰喇嘛教的基础，加上元代是先征服西域而后统一中国，因此，有元一代，以喇嘛教为国教，并极力提倡。于是，喇嘛塔首先在京城地区兴起，其重要标志之一，便是开国皇帝元世祖将北京妙应寺原旧塔拆毁，请尼泊尔匠师阿哥尼重新设计建造了一座规模宏伟壮丽的塔，即今妙应寺喇嘛塔，俗称白塔。此塔开内地汉族地区建喇嘛塔之先河，也为此后兴建此类喇嘛塔提供了一个标准样式。同时，该塔规模之恢宏，设计和工艺之高超，此后无过之者，当然也冠盖此前的各式喇嘛塔。

喇嘛塔自元代盛行以来，至明代虽稍有冷落，但到清代时，由于清统治者为了笼络和控制青、藏、蒙广大地区和民族的政治需要，又极力倡导尊崇喇嘛教，并于清乾隆年间正式宣布其为国教。于是喇嘛塔再

图8-4 北京北海公园永安寺白塔（张振光 摄）
喇嘛塔自元代盛行以来，由于清统治者的提倡再度勃兴，遂成我国古塔中分布地域最广的塔式之一，并与楼阁式塔、密檐式塔，共同构成了我国的三大塔系。北京北海永安寺白塔为清代所建。

度勃兴，从而成为我国古塔中分布地域广阔的一种类型。其重要位置在古塔中不亚于密檐式塔。它与楼阁式塔、密檐式塔，共同构成了我国的三大塔系。

喇嘛塔因盛行时代距今最近，因而保存下的数量也较多，其数字可能与楼阁式塔在伯仲之间。但它仍主要分布在北方地区，以及西北、西南地区，东南诸省较为少见，有的省甚至一座也没有。因这些地区远离元蒙和满清统治的核心地，原汉文化传统又相对顽强些。因此，当北方地区大兴喇嘛塔之时，南方则大兴风水塔，其实质既回避了佛教的教派问题，又保留了原传统塔的形式，从而形成元代后，南北塔的两大流行趋势。

图8-5 扬州瘦西湖莲性寺白塔（张振光 摄）
喇嘛塔因盛行时代距今最近，因而保存下的数量也较多。但其分布仍主要在我国北方及西北、西南地区，东南诸省少见。江苏扬州莲性寺白塔为清代所建。

九、金刚宝座塔

金刚宝座塔，亦称五轮塔。它是在一个高大的台座上，分建五座小塔，其中中间的那座较大些，四隅的较矮小些。这些小塔的形式基本上采用密檐式塔或喇嘛塔。

建金刚宝座塔的缘由：据说在印度释迦牟尼成道处，有一株菩提树，树下有一块坚硬的石座，名金刚座，释迦牟尼当年就是在这里坐悟成道的。后来其信徒们便在这里建了一座大觉塔，此塔的形式因别于窣堵坡，故称之为金刚宝座式。座上五塔，是为尊仰金刚界的五部主佛而建，每一座塔象征一尊金刚。即中间大塔为大日如来佛、东为阿閦佛、南为宝生佛、西为阿弥陀佛、北为不空成就佛。这五方主佛，又各自有不同的坐骑。其依次分别为骑狮、象、马、孔雀和迦娄罗（即金翅鸟）。因此，在这种塔的金刚座四壁上或五小塔的须弥座上，一般都雕饰有这些坐骑的形象。

图9-1 北京真觉寺金刚宝座塔全景（王雪林 摄）
金刚宝座塔，亦称五轮塔。它是在一个高大的台座上，分建五座小塔，其中中间的那座较高大些，四隅的较矮小些。北京真觉寺金刚宝座塔为明代所建。

图9-2 北京真觉寺金刚宝座塔台座细部（王雪林 摄）
北京真觉寺金刚宝座塔，是现存此类塔中年代最早、工艺最精美的一座。该塔总高约17米，金刚座和小塔身上满饰各种雕刻图案。

金刚宝座塔在佛教的派系中，属于密宗的塔。这种塔的形象，在我国南北朝时的敦煌石窟壁画中便已出现。但现存的都是明清时建造的，而且数量极为稀少，全国仅十余处。其中最早和最精美的一座便是北京真觉寺金刚宝座塔。该塔创建于明永乐年间（1403—1424年），为青砖和汉白玉砌筑，是由西域和尚班迪达主持施工，并模仿印度的佛陀迦耶大塔式样而建的。塔下部为四方形的金刚座，高7.7米，座上分建五座密檐式方塔，总高约17米。金刚座和小塔身上满饰各种图案。除五部主

a 碧云寺金刚宝座塔全景

b 碧云寺金刚宝座塔细部

图9-3 内蒙古呼和浩特五塔召金刚宝座塔/对面页
清代呼和浩特五塔召金刚宝座塔，属于佛教密宗塔。来源于释迦牟尼坐悟成道的坚硬石座，即金刚座。座上五塔，象征金刚界的五部主佛。（资料来源：《塔·寺庙》，周颖 绘）

图9-4 北京碧云寺金刚宝座塔全景及细部（程里尧 摄）
金刚宝座塔的形象，远在南北朝时的敦煌石窟壁画中已有体现。但实物，在我国基本上都是明代以后才兴建，其总数也不过十余座。北京碧云寺金刚宝座塔为清代所建。

图9-5 承德普陀宗乘之庙五塔全景（楼庆西 摄）/前页
在实例中，有些塔是采用五塔形式，而将台座改为其他建筑物。如清代承德普陀宗乘之庙的五塔门。它是将出入庙的大门与五塔结合起来，当可视为金刚宝座塔的变异形式。

佛的五种坐骑动物形象外，还有各种天王、罗汉、菩萨等，约500尊浮雕佛像。此外，还有佛足迹，三牌、佛八宝、金刚杵、菩提树、花瓶、莲草等梵宝、梵文。雕刻十分生动精美，被列为国家首批重点文物保护单位。

其他较为著名的尚有：云南昆明官渡妙湛寺金刚宝座塔、湖北襄樊广德寺多宝佛塔，内蒙古呼和浩特慈灯寺金刚宝座舍利塔，山西五台圆照寺金刚宝座塔，甘肃张掖金刚宝座塔和北京碧云寺金刚宝座塔等。此外，还有一些是采用五塔形式，而将台座改为其他建筑物的，如北京雍和宫法轮殿和四川峨眉万年寺砖殿上的五小塔，当可视为这类塔的变异形式。金刚宝座塔数量虽不多，但却是古塔中颇具特色而重要的塔类。

十、墓塔

墓塔，又叫普同塔、海会塔，是一种专门为埋藏僧侣遗骨而建的塔。它与寺院中为纪念佛祖或供奉高僧舍利而建的塔不同，主要是体量和尺度要小些，而且墓塔上一般刻记有墓主人名字及事迹。一座墓塔，至少标志着这里埋葬了一个或一个以上的和尚。若是个大法师或者生前知名度较高的主持和尚，那么，其墓塔也往往便更精美或高大些，反之则粗简些。

墓塔，因是佛教徒的专门墓葬形式，因此，它必位于寺院附近，而寺院的兴衰历史，又决定了墓塔的多寡和形式。许多名寺院，因往往相延数百年，甚至上千年，因此，墓塔也就逐渐形成塔群（即“塔林”），形式也因时

图10-1 江西赣州通天岩普同塔

墓塔，又称普同塔、海会塔。是专门为埋藏僧侣遗骨而建的塔。它与一般古塔不同的是，体量和尺度要小些，而且墓塔上大多刻记有主人的名字及事迹。江西赣州通天岩石窟寺普同塔为清代所建。

图10-2 江西赣县宝华寺石塔

墓塔是从我国早期的亭阁式塔发展而来的。亭式塔工程量较小，较适宜于寺僧或一般住持和尚死后收葬遗骸予以纪念。江西赣县田村宝华寺石塔为唐代所建。

a 历城龙虎塔全景

b 历城龙虎塔细部

图10-3a,b　山东历城龙虎塔全景及细部

（王雪林 摄）

墓塔自隋唐以降，遗存实物很多。但以唐宋期间的亭阁式墓塔最为精美。如唐代山东历城龙虎塔。该塔用三层须弥座，雕刻内容十分丰富。

图10-4 宁夏青铜峡一百零八塔全景（谭克 摄）
墓塔因是僧侣墓的标志，它往往在一些古老的寺庙附近积久而成塔群，如少林寺塔群、佛光寺塔群等。明代宁夏青铜峡"一百零八塔"塔群布局十分奇特。

代的差异而多种多样。著名的塔群，如河南登封少林寺塔群，它自唐代贞元七年（791年）到清代嘉庆八年（1803年），各个朝代的都有。据统计现有250余座墓塔，是我国现存墓塔中最大的一处塔群。这些塔大多是用砖石砌成的，层数从一级到七级的都有，但高度都在15米以下。塔式基本上为密檐式和亭阁式，形状有四方、六角、八角、圆柱、瓶形和锥形等，可说是一处集古塔形式和各时代雕刻、书法艺术于一堂的古塔博物院。其他著名的尚有登封法王寺塔群、山西五台山佛光寺塔群、山东历城神通寺塔群等。此外，还有一处十分奇特的塔群，即宁夏青铜峡一百零八塔。此塔群为有规则的组合，其排列方法是从上到下，按照一、三、五、七、九的奇数排列成十二行，构成一个正三角形塔群。位于山坡顶上，也是三角形顶尖上的那座领头塔，体形较大，余则较小。这些塔均为喇嘛塔形式，约建于明代初期。相传有一百零八名和尚为保卫边疆、抗击敌人全部壮烈牺牲，故建成此阵形的墓塔群。

图10-5 山东历城九顶塔（王雪林 摄）
墓塔常有一些造型独具一格，别无仅有的塔例。唐代山东历城九顶塔便是。该塔平面八边向内弧凹，塔顶上建九座密檐式小塔，从而构成“弧身”塔身和“塔上塔”的独一无二的奇观。

a 历城九顶塔全景

b 历城九顶塔上层平面图（据刘策《中国古塔》重绘）

墓塔是从我国早期的亭阁式塔发展而来的。由于亭阁式塔建造起来工程量较小，较适宜于寺僧或一般住持和尚死后，作收葬遗骨的纪念塔。因此，自隋唐以后，亭阁式塔逐渐成为僧侣们的专用墓塔形式。当然，常见的墓塔还有密檐和喇嘛两式。约在北方辽金时期盛行密檐式塔的同时，墓塔中也流行小密檐式塔；元明清盛行喇嘛塔时，墓塔中也流行小的喇嘛塔。但以亭阁式墓塔最为常见，是贯穿墓塔这种性质的主流。其中又以唐宋时的亭阁式墓塔最为精美，其塔体表面雕刻的内容，如仿木构件和花纹图案等十分丰富。著名的如历城龙虎塔，山西平顺县海会院明惠大师塔、江西赣县宝华寺玉石塔等。

十一、经幢

经幢，是一种在八角形石柱上刻写经文（多为佛教密宗的陀罗尼经），用以宣扬佛法的纪念性建筑物。因其外形颇似塔刹，尤其与亭阁式墓塔或小石塔极为相似，往往易于混淆。故也将之作为塔的一种变体纳入古塔范畴对待。幢，是梵名“驮缚若”的译名，原是一种丝帛制成的伞盖状物，顶上装饰如意宝珠，下有长杆，建于佛前。据《佛顶尊胜陀罗尼经》云：佛告天帝，若将该经书写在幢上，则幢影映在人身上，即可不被罪垢染污。又传，倘若有人书写或反复诵念陀罗尼经，便会解脱他的罪孽，得到极乐。所以佛教徒多用石构建之于寺庙附近，以为功德。

经幢一般由基座、幢身和幢顶三部分组成。这三部分大多是分别雕刻好后，再垒建成整体的。基座多为覆莲须弥座形式，幢身呈柱状多作八面体，并雕有经文或佛像（有极少数刻道德经的，当属道教石幢）。有的幢身又分若干段，间以大于柱身的宝盖相隔，盖上多刻着模拟丝织品的垂幔、飘带、花绳等图案；幢顶一般刻成仿木结构的攒尖顶，顶端托有宝珠。经幢开创于唐初，盛行于唐宋、衰落于明清。唐代经幢开形体较粗壮，幢身一般只有一段，装饰较简单。五代时便出现三段幢身的形式。宋代流行三段幢身，高度增加，显得瘦长精致，装饰也更加华丽。如陕西富平的唐代经幢、山西五台山的唐代佛光寺内的经幢、河北赵县北宋的经幢等。

图11-1 杭州灵隐寺石经幢

/对面页

经幢，是种在八角形石柱上刻写经文，用以宣扬佛法的纪念性建筑物。因其外形颇似塔刹，尤其与小石塔极为相似，故往往易于混淆。杭州灵隐寺石经幢为宋代经幢。

其中以赵县经幢最为著名，并最具代表

性，也是在众多的经幢中，唯一列入国家重点文物保护单位者。此经幢俗称“石塔”，建于北宋景祐五年（1038年），原系城内开元寺的附属建筑，今寺毁幢存。该经幢全用巨石雕刻后叠砌而成，共七层高16.44米，是我国现存石经幢中最高的一座。平面为八角形，幢基束腰部分四周刻有“妇女掩门”图。四角雕有金刚力士，形象雄健。台座上是八角形束腰须弥座。其周围雕刻伎乐、佛八宝、佛像、菩萨、蟠龙、莲花等。幢身一、二、三层用楷书刻写陀罗尼经，书体秀雅、笔锋遒劲，向被视为书法精品。其余各层满刻佛教人物、经变故事、狮象动物、建筑花卉等图案，装饰味极浓。幢顶以铜质火焰宝珠为刹。此经幢轮廓线庄严清秀、设计合理、比例匀称、自下而上逐级递减尺度、层层内收。远望高峻秀逸，近观则雕饰华美，是我国经幢中构造和雕刻工艺最精美的一座。

图11-2 河北赵县陀罗尼经幢全景/对面页

河北赵县陀罗尼经幢，是我国最著名的经幢。它建于宋代，共7层高16.44米，平面八角形。由基座，幢身和幢顶三部分组成。通体满雕装饰图案，幢身用楷书镌写陀罗尼经。是经幢中集书法、雕刻和结构工艺于一体的艺术珍品。

图11-3 河北赵县陀罗尼经幢立面图（资料来源：刘敦桢《中国古代建筑史》）

现存中国古塔之最

名称	地点	时代	类型	说明
嵩岳寺塔	河南登封	北魏	密檐式塔	最早和唯一底层为十二边形的塔
神通寺堂	山东历城	隋代	亭阁式塔	最早的石塔和唯一的隋代塔
修定寺塔	河南安阳	唐代	亭阁式塔	唯一的遍体砖浮雕塔
浮舟禅师塔	山西运城	唐中期	亭阁式塔	最早的一座圆形墓塔
九顶塔	山东历城	唐代	密檐式塔	唯一的塔上建九座小塔的塔
崇圣寺千寻塔	云南大理	约当晚唐	密檐式塔	檐层最多的塔（16层）
光孝寺铁塔	广东广州	五代南汉	楼阁式塔	最早的铁塔
六和塔	浙江杭州	五代吴越	楼阁式塔	最早、最大的风水塔
料敌塔	河北定县	北宋	楼阁式塔	最高的塔（84米）
祐国寺塔	河南开封	北宋	楼阁式塔	最早、最高的琉璃塔
玉泉寺铁塔	湖北当阳	北宋	楼阁式塔	最高的铁塔（约18米）

名称	地点	时代	类型	说明
开元寺经幢	河北赵县	北宋	经幢	最高、最精美的石经幢
佛宫寺塔	山西应县	辽代	楼阁式塔	最早、最高大的木塔
崇兴寺双塔	辽宁北镇	辽代	密檐式塔	辽代唯一的双塔
开元寺双塔	福建泉州	南宋	楼阁式塔	最高大的双塔和仿木构石塔
阿育王塔	福建泉州	宋代	阿育王塔	最早的阿育王塔
广惠寺花塔	河北正定	金代	楼阁式花塔	造型最奇异、装饰最富丽的花塔
妙应寺白塔	北京	元初	喇嘛塔	最高大精美的喇嘛塔
真觉寺金刚宝座塔	北京	明初	金刚宝座塔	最早、最精美的金刚宝座塔
广胜寺塔	山西洪洞	明代	楼阁式塔	装饰最华丽的琉璃塔
报国寺铜塔	四川峨眉	明代	楼阁式塔	最高的铜塔（14层7米）
少林寺塔群	河南登封	北魏至清代	墓塔群	最大的墓塔群（约250座）

图书在版编目（CIP）数据

塔／万幼楠撰文／万幼楠等摄影. —北京：中国建筑工业出版社，2013.10
（中国精致建筑100）
ISBN 978-7-112-15946-8

Ⅰ. ①塔… Ⅱ. ①万… ②万… Ⅲ. ①古塔–建筑艺术–中国–图集 Ⅳ. ① TU-092.2

中国版本图书馆CIP 数据核字（2013）第233627号

责任编辑：董苏华　张惠珍　孙立波
技术编辑：李建云　赵子宽
图片编辑：张振光
美术编辑：赵　清　康　羽
书籍设计：瀚清堂·赵　清　周伟伟　康　羽
责任校对：张慧丽　陈晶晶　关　健
图文统筹：廖晓明　孙　梅　骆毓华
责任印制：郭希增　臧红心
材料统筹：方承艺

中国精致建筑100

塔

万幼楠 撰文/万幼楠等 摄影

中国建筑工业出版社出版、发行（北京西郊百万庄）
各地新华书店、建筑书店经销
南京瀚清堂设计有限公司制版
北京顺诚彩色印刷有限公司印刷

开本：889×710 毫米　1/32　印张：3　插页：1　字数：125 千字
2015年9月第一版　2015年9月第一次印刷
定价：**48.00**元
ISBN 978-7-112-15946-8
（24353）